每天 3分钟

连明星都迷恋的 速效 瘦脸秘诀

3分钟
瘦脸

（韩）林建熙　著

张璟曦　译

U0314195

长江出版传媒
湖北科学技术出版社

图书在版编目（CIP）数据

3分钟瘦脸 /（韩）林建熙著；张璟曦译. — 武汉：湖北科学技术出版社, 2015.10

ISBN 978-7-5352-7842-5

Ⅰ. ①3… Ⅱ. ①林… ②张… Ⅲ. ①女性－美容－基本知识 Ⅳ. ①TS974.1

中国版本图书馆CIP数据核字（2015）第122851号

著作权合同登记号　图字：17-2015-140号

原书名：하루 3분 페이스 다이어트
Copyright © 2011 by Lim Gun Hee
All rights reserved.
Original Korean edition was published by 2010 by VITABOOKS, an imprint of HealthChosun Co. Ltd.
Simplified Chinese Translation Copyright © 2011 by Beijing Lightbooks Book Co. Ltd.
Chinese translation rights arranged with 2010 by VITABOOKS, an imprint of HealthChosun Co. Ltd.
through AnyCraft-HUB Corp., Seoul, Korea & Beijing Kareka Consultation Center, Beijing, China.

责任编辑：李　佳	封面设计：烟　雨
出版发行：湖北科学技术出版社	电　话：027-87679468
地　　址：武汉市雄楚大街268号	邮　编：430070
（湖北出版文化城B座13-14层）	
网　　址：http://www.hbstp.com.cn	
印　　刷：北京和谐彩色印刷有限公司	邮　编：101111

710×1000　1/16　　　　　10印张　　　　　150千字
2015年10月第1版　　　　　　　　　2015年10月第1次印刷
定　价：35.00元

每天
3分钟

连明星都迷恋的 速效 瘦脸秘诀

3分钟
瘦脸

瘦脸：还您健康皮肤和美丽脸型

"我想拥有明星那样的小脸。"

"好皮肤是不是天生的啊？我去看了皮肤科医生，也用了很多不错的化妆品，怎么皮肤还是像以前一样总是长痘痘呢？"

"我每天忙得昏天黑地，哪儿有时间顾得上保养自己的皮肤啊！"

以上是广大读者朋友们通过时尚杂志的专栏和电视节目向我提出的关于皮肤护理的几个代表性问题。大部分的职场白领和家庭主妇都没有什么时间进行脸部护理，还有些人不管怎么努力，脸部皮肤的状况总是不见好转。本来下了很大决心要做皮肤科手术或是进行某个美容疗程，最后却因为繁忙的工作和生活而半途而废，再加上其他因素，皮肤的护理效果总是不能让人满意。这种时候，心情一定很沮丧吧。

我们大家都知道，要想得到健康苗条的身材就要瘦身。但是大家一般都认为瘦身就是减掉体重，其实准确地说，瘦身是将体内多余的脂肪和废弃物排出体外。通过运动恢复肌肉的活力，再搭配上营养均衡的膳食，从而获得引领健康生活的全方位解决方案，这才是瘦身的真正含义。

同样道理，如果想拥有美丽健康的脸部皮肤，我们就必须通过瘦脸来实现。排出堆积的老化物、促进血液循环、净化肌肤、按摩和放松肌肉可以让脸部变小且看起来更有立体感。这就是我所说的瘦脸。

经络按摩法家喻户晓，但那只是刺激穴位和皮肤的第一步而已。我认为在刺激经络促进循环之后，还要放松肌肉、骨骼、皮肤和血管来防止筋膜粘连，这样淋巴才能顺利地为皮肤供给营养，才能顺畅地排出体内毒素。这正是按摩技巧的原理所在。当血液循环和体液循环得到恢复后，营养的吸收和废物的排出也会变得毫无阻碍。于是，原来看似疲倦的脸庞，就会开始重现生气，皮肤弹性，面部线条也会变得更加柔和。

如果能有美容专家来帮助您进行面部护理，那当然是最理想的，但是对于日常事务繁忙的我们来说，这简直是奢侈的。不要灰心丧气，能否拥有美丽健康的脸部皮肤，关键在于心态。脸上长出痘痘，眼周突然间变得水肿，皮肤变得松弛，这些征兆都是不容忽视的，这表示我们的皮肤需要我们的手给予它一些帮助了。这本《3分钟瘦脸》会教您如何应对这些脸部的皮肤问题（从小的粉刺、痘痘，到各种经常让您头疼的皮肤问题），让您掌握拥有美丽健康脸庞的知识和技巧。想要拥有焕发光彩的皮肤，不用非得经历手术的痛苦，只要按照书中的步骤一步一步地坚持做，您的脸会不断地给您带来惊喜。

The DOB Aesthetic 院长 林建熙

Contents　目 录

CHAPTER 01 改变脸型 V形脸

CHAPTER 02 打造立体五官 T形脸

经络按摩？ 瘦脸！

　　站在镜子面前，仔细观察一下您的脸，是不是发现最近又有很多皮肤问题找上门来了？眼周出现细纹，脸色黯淡，脸部轮廓比以前更加浑圆并出现双下巴，这都代表着您的脸部皮肤正在慢慢失去弹性。每当这个时候我们都会想，这是真的吗？这可是我们每天对着镜子呵护备至的脸啊！

☆ 发生在您皮肤上的那些事儿

　　来自外界的损害和压力，以及不正确的饮食习惯和生活习惯，都会成为皮肤老化的原因，就连20多岁的年轻女孩子也不例外。皮肤老化的典型症状有：产生皱纹，松弛，干燥及肤色黯淡无光。那些昂贵的高效能化妆品和皮肤科手术，虽然可以暂时缓解这些症状，但也只是治标不治本。就像那些脸上出现的小痘痘和皱纹，并不仅仅说明皮肤表面存在着问题，而且也是在警示我们皮肤深层出现的故障。另外，皮肤是否健康与由经络连接的内脏器官有着直接联系，因此单纯解决表面症状是没有远见的做法。

☆ 通过刺激经络来瘦脸

　　如果将我们的身体比喻成树木的话，从肝脏和心脏延伸出来的动脉、静脉和淋巴管就是中心部分。包围着我们身体的骨头、肌肉和皮肤，就相当于树枝，血液和淋巴负责养分的传输、吸收、储存和排出。只有树枝不断地吸收养分，树叶才能茂盛，树木才能茁壮成长。同样的道理，只有当我们的骨头、肌肉、皮肤都得到充分的营养供给，并随时可以排出那些没用的废弃物，身体才能处于健康的状态。由此可见，这个循环过程起到了非常重要的作用。但是，如果肌肉和皮肤粘连在一起，就会降低动脉、静脉和淋巴的循环能力，不仅营养不能正常地传输给皮肤，还会影响废弃物的排出，于是各种各样的不良反应就会接踵而至，严重的话还会因此患上威胁身体健康的疾病。循环不好也会导致皮肤老化、水肿、脂肪堆积、虚胖，并使得皮肤逐渐变得敏感，引起皮炎及皮肤过敏。

在《3分钟瘦脸》一书中我将为大家介绍刺激肌肉、筋膜的方法和指压法的技巧，这些都是美容专家们的智慧结晶。在详细的说明下，利用这些方法活络经络，即便不是专家的普通人也可以轻松掌握瘦脸的技巧，就像直接接受专家治疗一样，自己进行美容护理。

☆ 我要拥有明星般的美丽

本书中介绍的瘦脸方法，可以帮助脸部皮肤将不需要的废弃物排出体外，同时通过护理脸部保持皮肤的健康。我们都知道，皮肤科手术将人工药物注入皮肤，让皮肤看起来年轻，而脸部按摩是在不做手术的情况下，使皮肤恢复自我更新的能力，变得更加健康红润。有了这本书，您只需要每天耗费3分钟的时间，就可以让脸以至全身的皮肤都散发出明星般的光芒。

瘦脸按摩的效果

不管是谁的脸都能变成漂亮的V形脸吗？不用手术也可以造就五官清秀的面庞吗？肤色黯淡无光但又不怎么化妆的我，还能重获婴儿般干净的皮肤吗？——这些烦恼用瘦脸按摩方法都可以得到解除。

✵ 改变脸部轮廓·V形脸

我们的脸也可以成为明星那样的V形脸。按摩肌肉可以提升下垂的脸部肌肤，改善脸部的血液循环。指压法可以向上提拉和放松肌肉。按摩淋巴有助于皮肤恢复紧致。

✵ 造就立体五官·T形脸

很多人都会陷入一个误区，认为只有通过整容才能拥有圆圆的大眼睛、漂亮的鼻翼和鼻梁。他们不知道，其实通过正确的指压法调整皮肤深层的肌肉，就可以修饰本来的脸型。甚至连由皮肤趋于老化和不良生活习惯造成的眼鼻曲线扭曲，也可以通过这种方法来进行改善。

✵ 让脸部看起来更年轻·W形脸

露出笑容时出现的眼周细纹，出现在眼底的黑眼圈以及深陷的眼袋，都是皮肤老化的标志，让我们看起来比实际年龄要大得多。眼睛周围出现这些症状，是脸部血液和淋巴循环不良造成的。瘦脸按摩可以改善脸部的血液循环，让脸部看起来更年轻、更健康。

✍去除不需要的纹路·无皱脸

额头上的皱纹、在脸部做出各种表情时眉间隆起的皱纹，都代表着皮肤的细胞组织在趋于松弛，正逐渐失去弹性。如果想恢复紧致且没有皱纹的皮肤，就需要使用刺激皮肤深处的方法，提拉下垂的皮肤，让皮肤重获弹性。

✍获得"童颜"般的皮肤·婴儿脸

我们将为您制订一个能够打造年轻健康皮肤的"童颜"计划，让别人难以通过脸部的皮肤来猜测您的年龄，十几岁少女的光滑细嫩的皮肤将不再是您脑海中的回忆。皮肤的水油平衡是皮肤保持水嫩的关键，瘦脸按摩法将帮您激活皮肤原有的功能，清除岁月留在脸上的痕迹。

✍战胜痘痘，健康皮肤

脸部皮肤血液循环状态不好，会造成老化物堆积，再加上新陈代谢缓慢，脸部会分泌过多的油脂，于是粉刺和痘痘就出现了。用瘦脸按摩法可以改善皮肤血液循环，强化皮肤功能，让您获得不再长痘痘的干净皮肤。

按摩位置

想获得卓越的按摩效果，首先要先牢记肌肉位置、指压位置和脸部淋巴循环的方向。

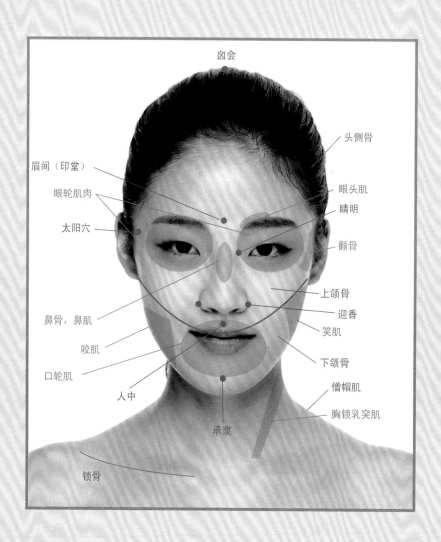

囟会

头侧骨

眉间（印堂）

眼轮肌肉

太阳穴

眼头肌

睛明

颧骨

上颌骨

迎香

笑肌

鼻骨，鼻肌

咬肌

口轮肌

人中

下颌骨

僧帽肌

胸锁乳突肌

承浆

锁骨

手掌底部（手筋）

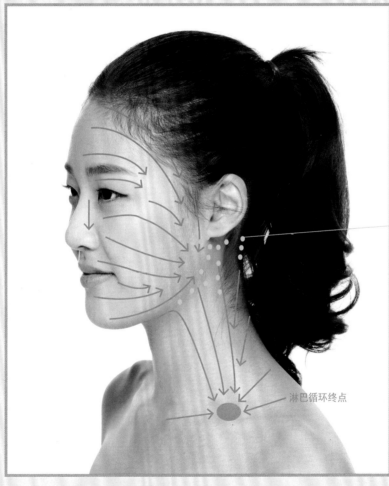

脸部淋巴循环走向

淋巴结（颈淋巴结）

淋巴循环终点

淋巴：和血液一样在人体内部循环，运送营养和免疫抗体。

淋巴结：在淋巴中起到隔离细菌的作用。

淋巴循环不畅会导致体液循环停滞和体内毒素排出不畅，从而造成水肿和脂肪堆积，还会引起因免疫功能低下而发生的过敏等症状。

按摩手法

在瘦脸按摩的过程中，要记住以下几个手部动作。

按压
用指腹按摩脸部肌肉。

上提
先将手贴在皮肤上，然后向上提拉面部肌肉。

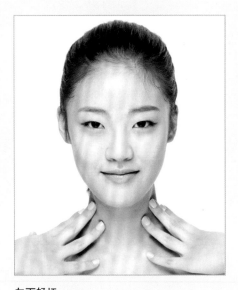

向下轻抚
手掌放在皮肤上，按照皮肤纹路轻轻按摩。一般是从脸部轻抚至脖子下面，这样可以促进老化物的排出。

捏起
用手指的力量捏起皮肤深处的肌肉，并继续用力捏。

拧掐
用拇指和食指掐住脸部肌肉，然后
拧掐它。

画圆放松肌肉
用指腹部分以适当的压力按压皮
肤，并在皮肤上画圆来消除肌肉紧
张。

抚摸
伸直手指轻轻地抚摸脸部。

向两边拉耳朵
捏住耳郭内部，并向两边拉抻。

放松耳部肌肉
用食指和中指夹住耳朵，上下或画
圆来活动耳朵周围的肌肉。

按摩前的准备活动

　　就像在运动前要做热身活动一样，如果您想让瘦脸按摩事半功倍，一定要在按摩前做好充分的准备活动，因为这样可以促进循环。下面我们就从简单的准备活动开始吧。

活动脖子和肩部
两手交叉贴在后脑勺上，向下压去，保持10秒钟之后再重复原先的动作。

❗ 这个动作的关键在于是否感觉到脊柱被拉伸。

活动下巴
用两手手掌的掌根托住下巴并向上推，保持10秒钟。

❗ 这时胸部要保持不动。

重复
5次

活动颈部I
将右手放在身后，左手握住后脑勺，头部向左轻压，大概进行10秒，相反方向重复相同动作。

❗ 这时左肩要放松。

重复
3次

活动颈部II
头部绕圈，首先将头部向后倾，然后向前低头，接着像画圆似的将头部从左边绕向右边。

重复
10次

活动肩部I
将双手放在两肩上，分别向前后绕环。

重复
10次

活动肩部II
伸开两只胳膊，然后做大幅度的画圆动作。

按摩前的注意事项

01

清洁脸部之后，先涂上化妆水和乳液再进行瘦脸按摩运动，这样做可以提高按摩功效。最好不要使用面霜，因为在瘦脸的按摩过程中，大多数的动作是需要捏压肌肉的，使用面霜会让脸部变得很滑，不易捏起肌肉。

02

如果您是为了解决痘痘的问题才进行按摩的，可以使用治疗痘痘的专用化妆水和乳液，涂好之后就可以直接进行按摩了。

03

在按摩颈部和眼睛周围时，最好涂点眼霜和颈部的专用护肤品，但是不要使用含油脂太多的护肤品，否则会因为皮肤太滑而不易捏起肌肉。

04

在瘦脸按摩的过程中基本上是不使用精油的，因为精油会形成油膜覆盖在脸上，堵塞毛孔，促使痘痘的产生。由于瘦脸按摩是一种刺激肌肉和经络的按摩方法，因此除了化妆水之外最好不要涂任何带有油脂的护肤品。

05

做好手部清洁，指甲表面要光滑且不要太长，以免伤到皮肤。

06

在每个章节中，我们还会为您介绍更多的热身方法。热身按摩可以让皮肤和肌肉得到最大限度的放松，让每个阶段的按摩效果加倍。另外，按摩时手的动作要尽可能的轻柔。

07

如果手法力度过大，就会伤害到皮肤，产生副作用，因此按摩的力度要以本人感觉舒服为准。按照这样的方法进行脸部按摩，才能收获健康和美丽。

改变脸型

V形脸

如何打造没有赘肉、线条优美的V形小脸是美容界的热门话题。
最重要的是使脸部轮廓的线条变得柔和，让整个脸看起来比例均匀。
造就V形脸需要减去脸上多余的赘肉，同时修饰颈部曲线，去除颈部皱纹，
从而打造脸部的完美轮廓。

V形脸 "热身运动"

所有过程
重复3次

用两手的中指和无名指按摩太阳穴。

用除大拇指之外的其他手指按摩颧骨部分。

用大拇指按摩下颌肌肉发达的部位。

用两手的食指和中指将耳朵夹住，并上下移动以放松耳朵周围的肌肉。

脸部消肿

脸部水肿是由于淋巴循环不畅通，老化物和体液没有正常地向静脉流动造成的。按摩脸部周围淋巴集中分布的地带，才是消肿的关键。

1

将双手手指贴在头皮上，用指腹以适当的压力按摩头皮。

❶ 头皮是穴位的聚集地，经常按摩头皮可以促进淋巴循环。

重复
10次

2

用两手的中指和食指夹住耳朵上下移动，可以放松耳朵周围的肌肉。

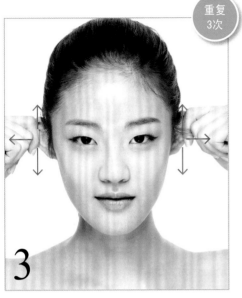

重复
3次

抓住两只耳朵，像画圆一样，向上面、侧面、下面拉动耳朵。

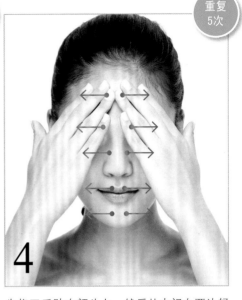

重复
5次

先将双手贴在额头上，然后从中间向两边轻抚。接下来，以同样的方法轻抚眼部、鼻梁、嘴以及下巴。

重复
5次

使用手掌的掌根部分，从下巴中间到耳朵底部做提拉动作。

重复
5次

用双手的食指和中指夹住耳朵，按照淋巴的走向将手往下移动至锁骨位置。力度以皮肤感到轻微拉拽感为宜。

去掉双下巴

下垂的双下巴让人显得很呆笨，这时我们就需要捏住脸部肌肉，利用扭转肌肉的方法将老化物排出，使皮肤恢复弹性，下巴不再下垂。

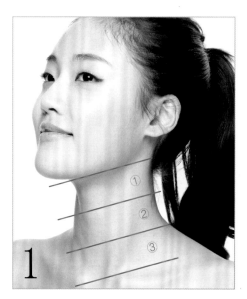

1

微微抬起头，将从下巴到锁骨之间的部分分为3块区域。

重复
3次

2

在①号区域内，由左耳底部向右耳方向运动。使用大拇指和食指，左、右手一上一下捏住肌肉，轻轻向右方扭转，按摩该处肌肉。

❶ 两手的顺序是左手先动，右手跟着动。

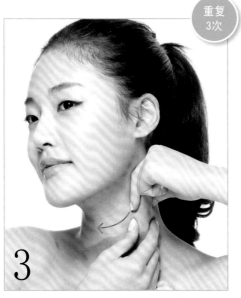

重复
3次

重复
3次

按摩②号区域时，头先向右转，捏住连接脖子和锁骨的肌肉，然后按照第2步的方法进行按摩。

按摩③号区域时，方法和第2步一样。另外，不要忘记做第2~4步骤的相反方向按摩。

重复
5次

重复
5次

从下巴到耳根，用手背向上轻轻提拉。

从耳后经过脖子直到锁骨，用双手手掌轻轻向下推压。

造就鲜明的下巴曲线

为修整曲线不流畅的下巴，我们采取提拉下垂皮肤的方法，让皮肤恢复弹性，造就曲线鲜明的下巴。

重复
5次

1

将两手的手掌底部放在下巴中央，脖子向后倾，做向上推的拉伸运动。

重复
5次

2

中指和无名指随着下巴的曲线，一边给予强压，一边向耳根推进。相反方向重复相同动作。

重复
5次

3

将两手手掌的底部放在下颌处，沿着下巴的曲线推压到耳朵位置。

❶ 这时头要向前倾，不要后倾。

重复
5次

4

左手捧住下巴并向上推，右手随着下巴的曲线向左推进，相反方向同样方法。

29

打造漂亮的颌骨

不管是由于颌骨自身的形状而呈现的国字脸，还是由于下颌部分肌肉发达而呈现的国字脸，都可以通过按摩颌骨周围的肌肉来塑造出小脸。

重复
5次

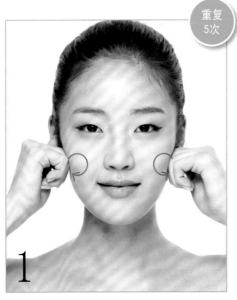

1

用拳头的关节部分画圆按摩连接上颌和下颌的地方，使那里的肌肉放松。

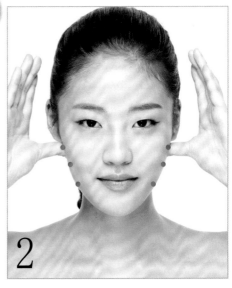

2

用双手拇指轻轻地点按从下颌到脸颊的凸起处或是肌肉成块儿的部分，持续15秒。

重复
3次

3

张嘴发"啊"音时，上颌和下颌间会出现一个凸起部分，用拇指按住它，闭上嘴，以适当的力度按压，使肌肉放松。

4

双手握拳，用关节部分从下颌咬肌处沿轮廓向下推压（如图中①），再从耳下沿着脸部轮廓按放射方向向下推压（如图中②）。

❗ 咬肌位于上颌和下颌之间，负责咀嚼。

重复
10次

5

双手手掌底部按住下巴两边凸起的部分，然后向后方推压。

重复
10次

6

推压下颌棱角最为分明的部位。

31

对 "地包天" 的轻微矫正

如果能解决上颌和下颌相连接的部分以及下颌部分向外突出的问题，使上下颌咬合正确之后，就可以轻松矫正"地包天"（撅下巴）啦！

重复多次

1

嘴张开，用力按压上颌和下颌之间凸起的部位，并画圆使其放松。

重复多次

2

用大拇指按住上颌和下颌连接部分的肌肉，并往下巴的方向推压。

重复
10次

把食指和中指分别放在耳朵前后，向下巴方向推压。

重复
10次

将食指和中指放在下巴的边缘，向耳朵的方向推。

重复
10次

嘴巴微微张开，将两手的中指重叠放在下巴上，然后往脖子的方向向下轻轻按压。

打造质感十足的下巴

不论下巴是长是短，只要下巴和脖子的分界线不清晰，线条不鲜明，就会给人笨拙拖沓的感觉。因此，我们要锻炼下巴周围的肌肉，让脸部的线条得以完美展现。

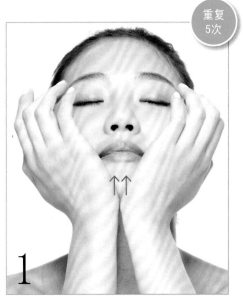

重复
5次

1

用手掌的底部向上推压下巴。

重复
10次

2

用手掌的底部，从下巴的中间部分开始向两边用力推压到耳部。

重复
10次

将两手的食指放在嘴唇下面凹陷的地方，大拇指从下巴内侧向下巴底端用力推压。

重复
5次

两手手指一起从下巴下方的中部向上推压。

重复
10次

大拇指放在下巴内侧固定，食指则以画半圆的方式按摩嘴唇下面微微凸起的肌肉，从而造就有质感的下巴。

去掉脸上多余的赘肉

如果脸颊上赘肉过多，不仅会显得脸大，还会让人感觉五官被埋在了肉里，美丽也就无法显露出来了，所以要想瘦脸，减掉脸颊上多余的赘肉是非常必要的。

重复
多次

1

用指腹部分在脸颊上画圆，使脸部肌肉得到放松。

重复
5次

2

用拇指和食指捏住鼻侧脸颊上的皮肤（左侧颧骨上部），向耳朵方向进行拉拽，相反方向同样方法。

重复 5次

3

捏住颧骨侧面的脸部肌肉，用和第2步同样的方法向下巴棱角的部分拉拽，再以同样方法向耳朵方向拉拽，相反方向同样方法。

重复 5次

4

捏住左侧颧骨上的皮肤，用和第2步同样的方法，向八字纹方向拉拽，相反方向同样方法。

重复 5次

5

用拇指和食指捏住图中①号区域内的肌肉，从下往上向太阳穴方向提拉肌肉。以相同的方法提拉图中②号区域内的肌肉。

重复 5次

6

手掌放在脸上，先从脸部中间向耳朵方向推进，再沿着脖子的曲线滑落。

提拉下垂的脸部

要从整体上提拉下垂的脸部，首先要让紧张的皮肤得到充分的放松，然后刺激和按摩支撑皮肤的肌肉，使皮肤恢复并保持弹性。

重复多次

重复多次

将手指放在脸上，用指腹在脸部已经下垂的部分画圆，让肌肉放松。

用拇指和食指捏住皮肤下垂处的肌肉，画"之"字以放松成块的肌肉。

重复
5次

重复
5次

3

4

用两手手指的指腹，沿发际线从额头一直推压至后脑勺，再从头侧骨处推压至后脑勺，然后从耳后的发际线推压到囟会。

两手放在额头上，向囟会方向推进。

与第4步方法相同，从眼睛到头侧骨（如图中①），鼻梁到囟会（如图中②）进行按摩，最后手掌盖住脸部向囟会方向推进（如图中③）。

矫正嘴唇外凸

嘴唇外凸一般是由牙齿不齐或上颌突出造成的，要想获得好的矫正效果，可以通过放松嘴部周围的表情肌来实现。

❗ 按摩时，脖子需放松才能获得良好效果。

1 用中指和无名指，以画圆的方式按摩嘴唇上方的肌肉。

2 把两手放在鼻子下方的肌肉上，往上嘴唇的方向推压。

重复10次

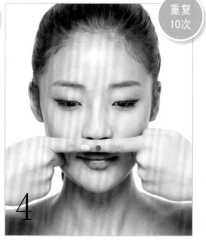

3 保持"喔"发音的嘴形，将食指呈钩状横放在上嘴唇上并推压那里的肌肉，然后换手以同样方式进行按摩。

4 将两手的食指叠放在上嘴唇的肌肉上，轻轻按压。注意力度不要过大，以免伤到上齿龈。

重复10次

重复10次

扩大额头

如果额头比较窄，可以做让发际线后移的动作，并同时采用让额头整体扩大的方法，让额头看起来宽一些。

重复多次

两手手指放在发际线上，用指腹以画圆的方式进行按摩。

重复3次

用指腹从眉毛向发际线方向推压。

重复5次

一只手放在发际线上固定，另一只手上推至发际线1厘米之上。完成一处后，在发际线所有的位置用同样方法进行按摩。

重复5次

将额头3等分，从1/3线到发际线，再到后脑勺的头皮，用手指分别进行推压按摩。

缩小额头

如果额头过宽，可以用降低发际线的按摩方法来缩短额头的长度。其要领在于按摩发际线以下、眉毛以上的部位。

重复
多次

1

两手放在发际线上，以用指腹画圆的方式放松肌肉。

重复
3次

2

用手指的指腹部分，从眉毛推压肌肉至发际线。

重复
3次

重复
3次

3 手指放在太阳穴上，将肌肉向额头中央推压。

4 左手放在发际线上固定，右手放在距发际线1厘米的位置上，并推压肌肉。在发际线上所有的位置用同样方法进行按摩。

重复
5次

5 两只手掌从额头中央轻轻滑向太阳穴方向。

打造隆起的额头

隆起的额头会显得脸部更有立体感且看起来更年轻。现在有很多皮肤科的手术，会将药物注入额头以达到这种效果。其实只要我们对额头的肌肉进行充分的按摩，让那里的皮肤获得弹性，就可以打造出有质感的额头。

重复
多次

两手放在发际线上，以用指腹画圆的方式放松肌肉。

重复
5次

把中指和无名指放在鼻梁两侧凹进的位置，并向眉间的位置向上推压。

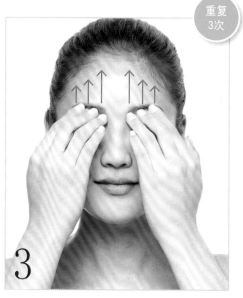

重复
3次

重复
3次

3

将手指放在眉毛下面，推压至额头以提拉成块的肌肉。接下来，从眉前到太阳穴也用同样手法进行推压。

4

用手指从发际线上1厘米的位置推压到发际线下1厘米的位置。

重复
3次

重复
3次

5

将两手放在太阳穴上，向额头中央推压肌肉。

6

两手放在眉毛处，沿头皮向囟会方向轻轻捋过去。

短脖子变长

僧帽肌过于发达、凸出就会显得脖子短粗，甚至于连脸部线条都会显得很笨拙。现在让我们试试用放松肩部肌肉、修饰下巴周边皮肤的方法来塑造漂亮的脖子吧。

重复多次

右手深深捏住左边的僧帽肌（连接脖子和肩膀的肌肉）并进行扭拽，相反方向同样方法。

重复多次

头向右转，用左手的拇指和食指紧紧捏住耳朵下方至锁骨上方的左胸锁乳突肌（连接胸部与颈部的肌肉），使其放松，相反方向同样方法。

健康皮肤 健康饮食

饮食习惯不健康或减肥过度，就连皮肤底子很好的十几岁的女孩子，也会因此而面临皮肤老化的问题。由于消化和吸收了过于咸辣的刺激性食物、糖分过多的蛋糕和巧克力等甜食、油分极多的肉类和即食食品以及甜味剂，我们的身体排出了很多的酸性物质和毒素。尤其是含油分较多的猪肉类食品，是产生粉刺、痘痘的主要原因，化学甜味剂则是皮肤过敏症的元凶。正因为这些不健康的饮食习惯，让我们的身体受到伤害，不仅是皮肤，就连血液和内脏器官都因为负担过重而无法正常工作，皮肤自然会变差了。

右手扶住左侧头侧骨，头部向右侧倾斜，做拉伸运动，相反方向重复相同动作。

两手轮流轻抚从脖子到锁骨方向的皮肤，然后从脖子左侧慢慢按摩到右侧，再从右侧按摩至左侧。

打造流线型的后颈部

由于不在自己的视线之内，后颈部很有可能更容易产生皱纹，再加上肌肉紧张得不到缓解，脖子就会看起来很短很粗，像上了年纪一样。为了打造漂亮的后颈部，让我们试着通过按摩，让平时不怎么活动的肩膀放松一下吧！

重复多次

1

用右手深深握住颈后肌肉，用力按摩让肌肉得到放松。相反方向重复相同动作。

重复10次

2

用两手固定住后脑勺，拇指用力按压颈部发际线上方1厘米处。

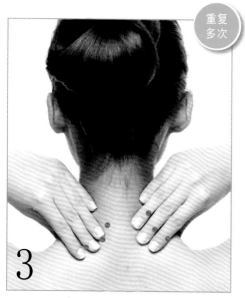

重复
多次

3

用手指用力按摩僧帽肌。

重复
5次

4

双手交叉放在后脑勺处，然后低头，保持15秒钟。

重复
3次

5

手指放在下巴处，用力向上顶。

矫正"乌龟脖"

由于不正确的姿势，脖子会变得像蜷缩着的乌龟脖子。为了矫正"乌龟脖"，我们首先要让颈部肌肉得到放松，然后再让支撑脖子的肌肉发达起来。

重复多次

用力捏两侧的僧帽肌。

重复3次

双手交叉放在后脑勺上，低头保持15秒钟（如图中①）；然后抬起头来，再向后仰，保持15秒钟（如图中②）。

重复
5次

3

用双手手掌底部托住下巴中央，把头部向后推。

重复
10次

4

将两手放在肩上，从内向外，再从外向内绕圈。

重复
3次

5

脖子从左向右，再从右向左绕圈。

❗ 注意不要随着脖子活动而耸肩。

重复
10次

6

两手重叠放在额头上，然后向后推压。

❗ 头要与手上的力量呈相反的方向用力，这样才能达到拉伸的效果。

特别篇: 打造性感的锁骨线条

当我们穿低领上衣时,将锁骨露出不仅可以增加女人味,还可以让脸部的V形线条更加突出。有效的按摩手法以及对平时生活习惯的注意,可以让我们拥有美丽的锁骨,展现优美的姿态。

重复多次

1 用力捏两侧的僧帽肌。

重复多次

2 头转向一侧,用拇指和食指用力捏胸锁乳突肌。相反方向重复相同动作。

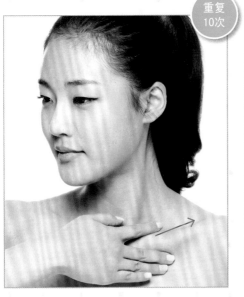

重复
10次

重复
10次

3 头微微向右偏，将食指和小指放置于锁骨间，从锁骨内侧朝肩膀方向用力推压肌肉，相反方向同样方法。

4 从左侧锁骨和肩膀连接的部位开始，用食指和中指用力向锁骨内侧推压，相反方向同样方法。

重复
多次

重复
5次

5 手指用力按摩连接肩膀和胸部的胸大肌。

6 放松脖子，将左手背在身后，右手扶在头侧骨上，向右侧做拉伸运动，相反方向同样方法。

T

02

打造立体五官

T形脸

大眼睛，高鼻梁，丰满盈润的嘴唇，是很多女性梦寐以求的。为了拥有完美的五官，她们都考虑过整形手术，但是能鼓起勇气付诸行动的人就寥寥无几了。
想要拥有立体的T形脸，按摩方法极其重要，只有像雕塑家一样思考，寻找适合自己五官轮廓的按摩方法，才能获得最好的效果。
接下来，我们将会采用力度比较大的指压法来实现瘦脸效果。

T形脸 "热身运动"

从印堂（眉间中央）沿眉毛向太阳穴方向逐点进行指压式按摩。

将从睛明（①）至迎香（②）的区域分为4等份，以中指用指压法按摩4个点。

warning up

两手手指用指压法按摩颧骨。

将两手中指重叠，轻轻按压人中。

中指按住嘴唇下方的承浆（下巴的中央），并轻轻按压。

将眼睛变大

如果脂肪不堆积在眼部，眼周老化物就能顺畅地被排出体外，眼睛就不会显得那么小了。即便是眼睛本身并不是很大的人，如果能将眼睛周围的肌肉和体液循环管理好，也可以让眼睛看起来很大。

重复5次

用拇指按摩上眼窝内侧的骨头，并向上提拉。

重复5次

用中指按摩下眼窝内侧的骨头，并向下按压。

重复
5次

3

拇指和食指用力捏压眉毛处的肌肉，使其放松。

重复
5次

4

用手指向上推压眉毛以上至发际线的肌肉。

重复
5次

5

手指盖住双眼，轻轻按压再松开。

重复
5次

6

用中指轻轻从内眼角下方推压至太阳穴。

59

眼部消肿

如果眼睛周围堆积有水分和废弃物，上下眼皮就会水肿。如果持续水肿，就会让眼睛周围的皮肤变得越来越薄且越来越敏感，而且还会出现眼袋，使眼睛看起来显得又小又无神。

重复
5次

用中指轻轻按压上眼窝。

重复
5次

用中指轻轻按压下眼窝。

重复
5次

3

用中指和无名指以太阳穴为中心画"8"字，放松肌肉。

重复
5次

4

用中指画圆以按摩眼匝肌（眼睛周围的肌肉）。

重复
5次

5

双手展开放在眼睛上，轻轻向下按压再马上抬起。

重复
5次

6

用中指和无名指，从内眼角开始分别轻抚上眼窝和眼下皮肤至太阳穴，然后再按照脸侧轮廓轻抚至耳根，最后到锁骨。

挽救塌陷的眼皮

如果眼睛周围的皮肤厚度不够并开始老化，就会造成眼部皮肤的塌陷。这样一来，眼睛不仅会看起来非常无神，还会因为眼皮变薄而变得越来越敏感。因此如何让眼部皮肤恢复弹性至关重要。

重复
5次

用拇指和食指紧紧捏住眉毛处的肌肉，并沿着眉毛向两边按捏，以放松紧张的肌肉。

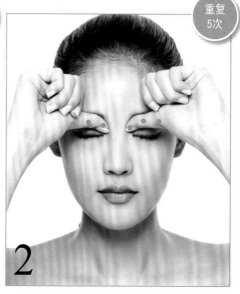

重复
5次

用拇指轻轻按压上眼窝。

重复
5次

3

用中指轻轻按压下眼窝。

重复
5次

4

用手指从太阳穴深深推压肌肉至头侧骨。

重复
3次

5

将眼皮处肌肉分为3等份，用拇指和食指分别
捏住各部分，轻轻拉弹。

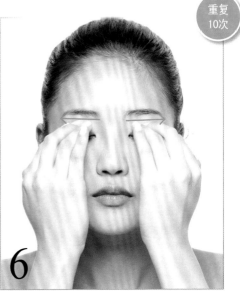

重复
10次

6

用手指指腹从内眼角轻拍至太阳穴。

打造明眸亮眼

眼球看起来浑浊不明亮，归根结底还是眼睛周围的循环不好造成的。坚持按摩眼睛周围的皮肤以促进血液循环，就能使眼睛明亮清澈起来。

重复3次

1

两手轻轻按住上眼皮10秒。

重复5次

2

用中指向上推压A区域的骨头。

🛈 A区域位于两眉峰之间3等份的中央区域。

重复
5次

重复
5次

用拇指和食指紧紧捏住眉毛处的肌肉，向两侧
揪。

用中指和无名指以太阳穴为中心画"8"字，
以放松肌肉。

重复
3次

用中指轻抚从眼窝至外眼角的眼下肌肉。

去除眉上多余的赘肉

脸部表情丰富或者经常紧锁双眉，都会让眉毛上方堆积多余的赘肉，这样会让人看起来面相凶恶、繁冗拖沓。

重复多次

用中指和无名指在眉毛上方的肌肉处画圆。

重复3次

用拇指和食指紧紧捏住眉毛处肌肉，并向两侧揪。

重复5次

将中指和无名指从眉间用力推压至太阳穴。

重复3次

中指和无名指用力从眉毛向上推压到发际线处，再从眉毛下方以同样方法推压到凶会。

提拉下垂眼角

如果眼角产生太多皱纹，会导致眼皮和眼角下垂，在这里我们需要能够提拉眼角皮肤的按摩方法以让眼角皮肤恢复活力。

重复
多次

1

用中指在眼角处画圆以放松此处肌肉。

重复
3次

2

用拇指和食指紧紧捏住眉毛处肌肉，并向两侧揪。

重复
5次

3

用中指和无名指从眉毛下方用力将肌肉推压至额头。

重复
5次

4

用手指从眼角旁边分别轻抚至头侧骨和百会。

打造直挺的鼻梁

很多人为了拥有漂亮的鼻子，选择做整容手术。其实我们现在介绍的瘦脸按摩法，也可以让鼻子本身的线条更加突出。这样一来，我们既避免了整容手术的风险，又可以拥有自然美丽的鼻子，何乐而不为呢？

重复
5次

1

用中指在鼻子两侧由上到下，再由下往上用力推压。

重复
10次

2

用食指和中指向鼻头方向用力推压划分颧骨上端和鼻梁的肌肉。

重复
10次

用中指从眼角用力向上推压到眉心。

重复
10次

将中指和无名指放在鼻子两侧，然后向鼻梁方向用力往中间推压。

重复
5次

用拇指和食指捏住鼻子，并向鼻梁中央推，起到提升作用。

鼻子加长法

如果经常皱眉，或者是鼻头不够挺，鼻子就会看起来比较短。现在让我们对关键部位的肌肉进行放松按摩，给鼻子做个加长术吧！

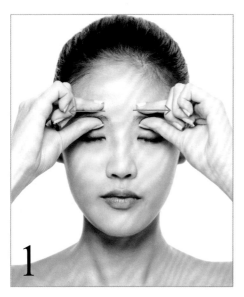

用拇指和食指紧紧捏住眉毛处肌肉，并向两侧揪。

用拇指和食指沿着鼻侧按捏肌肉。

重复 10次

用中指顺着鼻侧捋下来。

重复 5次

左手的中指和无名指放在眉间，右手的中指和无名指放在鼻梁上，保持轻轻拉拽的状态15秒。

这个动作对患有鼻窦炎、鼻炎以及睡眠不好的人也有好处。

重复 5次

用拇指和食指捏住鼻孔中间的肌肉，轻轻拉拽并保持10秒。

鼻子缩短法

鼻梁相对较长或者是鹰钩鼻会让鼻子看起来比较长，这会影响整个脸部的比例。我们可以按摩相关的肌肉使鼻头提升，这样鼻子看起来就没有那么长了。

⚠ 首先参考第70页"鼻子加长法"的第1～2步，使肌肉放松。

用中指沿着鼻侧从下往上轻轻推压。

用食指托住鼻孔中间的软骨，向上用力。

双手中指放在鼻梁上，然后经过眉间一直推压至额头。

缩小 "拳头鼻"

"拳头鼻"看起来好像是在鼻孔两边贴了两层赘肉，要想对付宽大的"拳头鼻"，需要对鼻子周围的皮肤和肌肉进行按摩，持之以恒就能达到鼻头"瘦身"的效果。

重复多次

用拇指和食指捏住鼻孔下部并用力按压。

重复3次

用中指从上往下捋压鼻孔。

重复5次

用拇指和食指捏住鼻软骨下方的肌肉，然后朝鼻梁方向用力按压。

重复5次

将拇指和食指放在鼻孔下方，向鼻头方向推压肌肉。

T形脸

提拉嘴角

嘴角微微上扬的人看起来比较开朗年轻。但是由于皮肤的老化，在眼角下垂的同时嘴角也会下垂。平时养成嘴角上扬的微笑习惯，再加上有效的按摩，就可以起到提拉嘴角的作用。

重复多次

1

用拇指和食指捏住嘴角两端凸起的部分，用力按压。

❶ 如果能将嘴角旁边的"八"字纹消除，嘴角就会自然地向上扬了。

重复10次

2

用食指和中指向上推压嘴角的肌肉。

重复
10次

3

将拇指放在嘴角外，向上提拉并深深按压颧骨下端的肌肉。

重复
10次

4

用中指和无名指从内到外画半圆按摩嘴角的肌肉。

重复
5次

5

用双手手指从嘴角穿过耳朵至后脑勺做提拉动作。

打造清晰的唇部线条

随着年龄的增长，唇部线条会逐渐变得没那么清晰。让我们动动手指对嘴唇进行按摩，还自己清晰的唇部线条吧！

重复
2次

1 发"啊"音，嘴尽可能地张大。

重复
2次

2 发"喔"音，嘴尽可能地缩小。

重复
3次

3

用拇指和食指轻轻捏起上嘴唇，并用相同动作提拉整个上嘴唇线。

重复
3次

4

用拇指和食指轻轻捏起下嘴唇，并用相同动作提拉整个下嘴唇线。

重复
3次

5

用拇指和食指将嘴唇捏起再松开。

打造有质感的嘴唇

很多人对能让嘴唇变得性感的手术非常感兴趣，但那种手术需要向嘴唇里注射具有固定作用的物质。其实如果我们坚持不懈地对嘴唇进行按摩，同样可以拥有质感十足、丰盈饱满且颜色鲜明的嘴唇。

重复3次

1

首先撅起嘴来，用双手的拇指和食指紧紧捏住嘴唇两边的肌肉，并左右拉拽。

重复3次

2

用拇指和食指捏住上嘴唇，轻轻扭动。

❶ 拇指向下用力，食指向上用力。

重复3次

3

拇指和食指捏住下嘴唇，轻轻扭动。

❶ 拇指向上用力，食指向下用力。

重复3次

4

拇指和食指轻轻捏住嘴唇，再松开。上下嘴唇重复此动作。

打造清晰的人中

清晰的人中会让五官看起来非常清晰。让我们采用有效的按摩手法，打造清晰的人中吧。

在嘴闭上的状态下，从上到下推压上嘴唇的肌肉。

发"喔"音，嘴唇微微缩起，用中指和无名指从右往左轻轻推压上嘴唇的肌肉。相反方向重复相同动作。

右手食指放在人中上，左手食指放在左侧人中线上轻轻挤压。相反方向重复相同动作。

CHAPTER

03

打造年轻的脸庞

W形脸

想想十几岁少女的脸庞吧！
眼睛周围既没有皱纹，没有黑眼圈，也没有眼袋，
皮肤富有弹性，苹果般的肌肤上还泛着红润的光泽。
打造W形脸的瘦脸按摩法，可以解决眼睛周围皮肤出现的各种问题，让苹果肌重现光彩，让您拥
有更加年轻的脸庞。

W形脸 "热身运动"

将双手手指重叠放在印堂处，画圆以放松肌肉。　将双手手指放在太阳穴处画圆。

3

将双手手指放在颧骨上画圆。

4

用拇指和食指捏住耳朵，向两边、上方、下方拉拽。

去掉黑眼圈

不管怎么涂化妆品也遮盖不住出现在下眼皮下方的黑眼圈，这是因为黑眼圈是色素堆积、血液循环不良造成的静脉扩张，导致眼睛周围会呈现黑色或青色，尤其是在疲劳的时候，颜色会更深。现在让我们来试着去掉黑眼圈吧！

重复3次

1

双手中指沿着上眼窝骨头的走向向上方轻轻地按压。

重复3次

2

双手中指沿着下眼窝骨头的走向向下方轻轻地按压。

重复
10次

3

用中指以图中箭头方向沿着眼部周围的肌肉画圆。

重复
10次

4

用食指和中指夹住耳朵，上下活动耳朵周围的肌肉。

重复
20次

5

用双手手指用力按压眼底肌肉。

重复
10次

6

将两手从眼睛下方推压至太阳穴，再从耳侧向锁骨方向进行推压。

去除眼袋

眼下出现的眼袋是因为循环不畅，脂肪和老化物堆积造成体液停滞引起的。现在让我们改善一下眼周的血液循环吧！

中指和无名指沿着眉间、眉毛、太阳穴的方向进行按压，以放松肌肉。

用食指和中指夹住耳朵，上下活动耳朵周围的肌肉。

重复
10次

3

用中指沿眼睛周围的肌肉以图中箭头方向画圆。

重复
10次

4

两眼微微向上看，双手中指以适当的力量从下眼窝骨头内侧轻轻推压至眼角。

重复
10次

5

两手从眼下方推压到太阳穴，再从耳侧向锁骨方向进行推压。

缩小突出的颧骨

颧骨如果过分突出会给人面相不友善的感觉，而且看起来年纪会比较大。如果持续地按摩突出的颧骨，活动颧骨处的肌肉，颧骨就会变得不那么突出，面相看起来也会柔和很多。

重复
3次

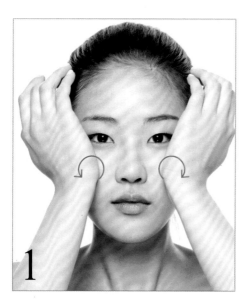

用手掌在颧骨处画圆进行按摩。

将拇指放在颧骨侧面的肌肉上进行按压。

重复 5次

3

微微低头，用手掌的底部按摩颧骨10秒钟。

⚠ 这时头要向前方倾，与手掌的力量成为相互作用的力。

4

微微低头，用手掌的底部按摩颧骨侧面10秒钟。

重复 5次

5

用手掌的底部按摩接近耳朵侧面的颧骨10秒钟。

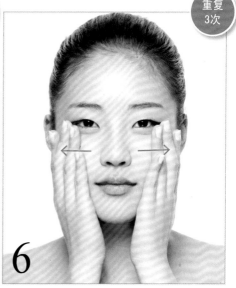

重复 3次

6

手掌轻轻地从颧骨抚向耳朵。

打造圆润的苹果肌

苹果肌被看作是"童颜"的象征，如果肌肤开始老化，苹果肌就会消失，脸部表情看起来就很忧郁。红润的苹果肌能让皮肤看起来干净透亮，现在就让我们来打造圆润的苹果肌吧！

重复3次

用两手手指在颧骨上画圆。

重复3次

用两手的指腹部分轻轻向下推压下眼窝。

重复3次

用拇指的指腹部分向上推压颧骨的下方肌肉。

重复3次

将食指弯成钩状，扣在眼睛下方的颧骨上，向脸部中间轻轻按压，相反方向重复相同动作。

重复3次

用拇指和食指捏住颧骨处肌肉再松开。

重复5次

将拇指和食指连接成圆形轻轻按压苹果肌。

特别篇：防止胸部下垂

女性胸部下垂主要是因为激素分泌减少、哺乳以及胸大肌和胸小肌成块造成的，如果给予胸部肌肉适当的刺激和紧张感，就可以恢复挺拔的胸部。让我们试着重点锻炼一下胸部的肌肉吧！

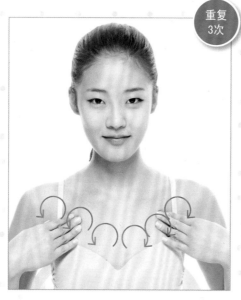

重复
3次

1 用手指按摩锁骨以下、胸部以上的部位。

重复
20次

2 将两手放在肩膀两端并绕环运动。

重复
多次

3 将右手放在头上，左手捏住右侧胳膊
与胸部连接的肌肉，并用力按捏，相
反方向同样方法。

重复
10次

4 双手拇指和食指沿着胸部下端的曲线
轻轻地按摩此处的肌肉。

重复
3次

5 将双手展开，拇指和食指托起胸部肌
肉用力向上提。

特别篇：提臀运动

想要让臀部富有弹性，就要放松骨盆处的肌肉。臀部是脂肪和肌肉密集的部位，因此如果能够做一些让臀部脂肪燃烧的伸展运动，再加上活动臀部肌肉的按摩，就可以达到提臀的效果了。

1 双脚与肩同宽站立，双腿伸直弯下腰，将膝盖到脚尖等分为四个点。将手先放在各个点上固定姿势，数到100再站立起来。

2 双腿盘坐，弯下腰，直到让腿和腹部接触后再直起身来。接下来交换两腿的位置，以同样方法运动。

重复
30次

3 双手与肩同宽，支撑在椅子或者桌子上，然后单腿向后蹬去，之后再向前抬腿，相反方向同样方法。

重复
50次

4 站直之后两手握拳，用力捶打臀部的肌肉。

特别篇：去除双层臀部

双层臀部指的是臀部下方多出一层赘肉的现象。要消除双层臀部，关键是要去除两段中间的分界线，同时还要使脂肪燃烧，让臀部肌肉紧致起来，这样才能恢复臀部的弹性。

1~3步骤重复多次，直到感觉舒服为止

1 双脚与肩同宽站直，两手握拳，用力捶打整个臀部。

2 手指用力扭捏第二段臀部。

重复
20次

3 用力挼第二段臀部下方的大腿根肌肉，两侧都以同样的方法进行。

4 两腿分开站立，握拳轻轻击打前胯部。

去除脸上不必要的线

无皱脸

现在让我们试着清除岁月留在脸上的痕迹吧。
微笑时产生的皱纹，还有驻扎在额头和眉间的皱纹，为什么怎么也赶不掉呢？
养成爱笑的习惯，有时间就练习"a、e、i、o、u"的发音，这样可以活动脸部肌肉，再辅以上有
助于清除脸上皱纹的按摩手法，即便脸上已经出现皱纹了，也是可以清除掉的。

无皱脸 "热身运动"

重复 5次

1 两只手在头皮上画圆，放松头部肌肉。

重复 5次

2 用手指的指腹部分用力推压从发际线周围开始的肌肉直至囟会。

3

嘴巴尽可能地张大，练习
"a、e、i、o、u"的发音。

去掉额头上的皱纹

额头上很容易留下横向皱纹，这是由于纵向皮肤逐渐松弛而造成的。所以我们现在需要对皮肤进行纵向护理，让皮肤不再下垂。

重复 3次

用手指在额头上画圆。

重复 5次

先把右手放在太阳穴上，左手指腹用力向右（额头横向）推压。相反方向重复相同动作。

重复
30次

重复
多次

把手指放在眉毛的正下方，用力向发际线方向推压额头的肌肉。左右眉毛都以同样的方法推压。

双手的中指和无名指相对称，横放在额头的皱纹上，然后用力挤压肌肉。

重复
20次

手指用力从眉毛上方推向囟会，再推向后脑勺。

去掉眼睛周围的皱纹

从皮肤逐渐老化开始，在脸上所出现的皱纹中，鱼尾纹是最让人烦恼的。这时，我们需要通过刺激皮肤深处的肌肉，让皮肤恢复弹性，去除脸上的皱纹。

重复
10次

用中指和无名指在太阳穴上画"8"字进行按摩，使此处肌肉放松。

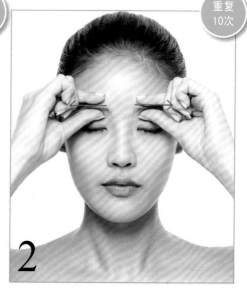

重复
10次

用双手的拇指和食指沿着眉毛的走向捏起肌肉，并向两边揪。

用拇指和食指捏起眼角的肌肉，从眼球下方轻轻向眼角旁1厘米处拽。

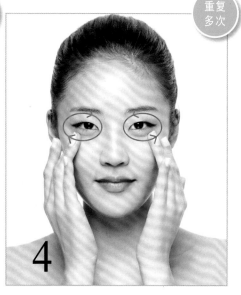

用双手的中指在眼轮肌（眼部肌肉）处按图中箭头方向画圆。

用手掌从眼角处抚至头侧骨，皮肤要有被拖拽的感觉。

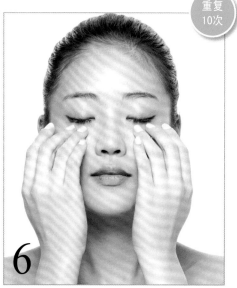

用手指深深按压眼睛下方的皮肤。

去除鼻脊的皱纹

不管是笑的时候还是不笑的时候，鼻脊上的皱纹一直都存在，这不仅让皮肤看起来粗糙干燥，还让人感觉上了年纪。如果能适当地按摩从鼻脊到眉间的皮肤，就可以抚平皱纹，让皮肤恢复弹性，快来试试看吧！

重复5次

1

将双手中指从内眼角向上推至眉毛内侧。

重复5次

2

将双手中指从鼻脊用力推压肌肉至额头中央。

重复 10次

3

用拇指和食指用力捏压鼻脊部分的肌肉。

重复 5次

4

用双手手指将眉间下方的肌肉深深推压到额头上方。

重复 5次

5

双手手指从鼻脊处用力推压至额头发际线处（如图中①），再从鼻脊经过囟会推压至后脑勺（如图中②）。

比年龄更重要的事：皮肤年龄

保持皮肤弹性是"童颜"的秘诀

女人一般在25岁左右会出现皮肤老化的症状：产生皱纹、皮肤丧失弹性、皮肤干燥黯沉等等。想要拥有充满弹性与活力的肌肤，如果在瘦脸按摩时，涂上保湿能力强且具有抗衰老效果的产品，就能够提高按摩的功效。

食品+护肤品（辅酶Q10）

想要有效地改善皮肤，是使用辅酶Q10护肤品呢？还是食用健康食品呢？专家们对此莫衷一是，但是通过皮肤感受到的效果来看，还是护肤品更快、更有效一些。当然了，如果能既使用护肤品，又食用含有辅酶Q10的健康食品，是再好不过了。如果您想促进皮肤新陈代谢，可以采用低温疗法。另外脸部拉伸运动和脸部瑜伽可以使脸部肌肉放松，有改善睡眠的功效。

选择辅酶Q10产品时，一定要注意辅酶Q10的含量和产品对皮肤是否有刺激。如果辅酶Q10含量极少，就很有可能是名不副实的产品。另外，还要检查产品中所含的化学成分是否会给皮肤带来负担。

DHC的Q10系列比一般产品中所含的辅酶Q10浓度高出10倍，这可以大幅恢复皮肤的弹性。另外这个系列的产品不含香料、色素和防腐剂，对皮肤的刺激被降到了最低，让您可以毫无顾虑地拥有紧绷水润的"童颜"。

DHC Q10 系列

去掉八字纹

鼻子和嘴角连接处的八字纹，也叫做表情纹，我们可以通过恢复肌肤弹性来改善它。

重复3次

用双手的指腹部分在脸上画圆。

重复5次

用双手的拇指和食指紧紧地捏压颧骨处的肌肉和脸颊处的肌肉，相反方向重复相同动作。

重复5次

双手的拇指和食指用力捏八字纹处的肌肉。

重复3次

双手的拇指和食指沿八字纹的走向用力拉拽那里的肌肉。

去掉唇边的皱纹

在说话和吃饭的时候，嘴部活动会非常频繁，这样就很可能造成嘴角周围的皮肤失去弹性、产生皱纹。要预防这一点，我们可以涂上具有补水功能的护肤品，然后再对其进行按摩。

重复
3次

1

首先撅起嘴来，用双手的拇指和食指紧紧捏住嘴唇两边的肌肉，从嘴唇中间向嘴角拉拽。

重复
2次

2

用拇指和食指沿着嘴唇线一下一下地捏此处的肌肉。

重复 3次

3 用手指的指腹部分从鼻子下方向下推压上嘴唇的肌肉。

重复 3次

4 用手指的指腹部分从下巴中央向上提拉肌肉至下嘴唇。

重复 10次

5 用双手的中指和无名指从下巴中央画半圆至人中，以此来按摩口轮肌（嘴周边的肌肉）。

去掉脖子上的皱纹

脖子上的皮肤很薄、很敏感，一旦产生皱纹就很难消除。平时多呵护一下您的颈部，既可以恢复皮肤弹性，还可以有效预防皱纹的产生，即便已经出现了皱纹，也可以通过按摩的方式加以改善。

❶ 抬起头，将下巴到锁骨的部分3等份。

重复3次

用双手的拇指和食指沿竖直方向捏住脖颈图中①号区域的肌肉，然后向右拉拽。

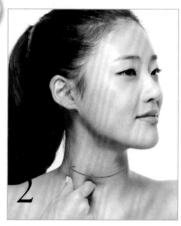

第1步的图中②号和第1步的图中③号区域的按摩方法与①号区域相同。相反方向重复1~2步骤。

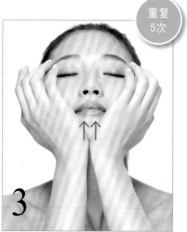

重复5次

用手掌的底部向上推下巴。

重复5次

用手掌沿脖子的两侧轻轻地往下捋。

去掉眉间的皱纹

如果经常发怒，就会在眉间留下皱纹，这样的面相看起来就不怎么友善了。不过我们可以通过皮肤护理，让硬邦邦的眉间皮肤变得柔软起来。

重复
5次

两手在眉间重叠，然后画圆以放松肌肉。

重复
10次

拇指和食指沿竖直方向用力按捏眉间的肌肉。

重复
10次

拇指和食指横向用力按捏眉间的肌肉。

重复
5次

将两手放在鼻子凹下去的部分，然后用力向额头推压，直至囟会。

特别篇：去掉耳后的皱纹

耳后和发际线之间的部分虽然本人看不到，但是别人却看得很清楚。要想让耳后部分也变得光滑起来，一定不要错过下面的按摩方法喔！

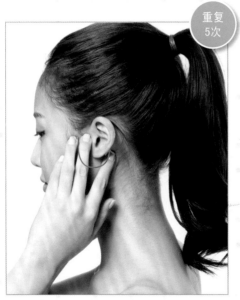

重复
5次

重复
5次

1　用食指和中指夹住耳朵画圆，让耳朵整体都得到放松。

2　用手捏住耳郭，向两边拉拽。

重复
10次

3 双手手指放在耳郭后面，向后脑勺方向轻轻抚去。

重复
10次

4 将双手的食指和中指放在耳朵之间，用力向囟会处推压。

重复
10次

5 双手从耳后出发，经过脖子向肩膀方向轻抚。

CHAPTER

05

打造 "童颜"

婴儿脸

快来参加打造润滑白嫩肌肤的"童颜"计划吧!
我们将为您介绍一种全新的按摩方法,它能促进整个脸部的循环、去除痘痘、痘印以及皱纹、让
皮肤透出光泽,打造无可挑剔的完美脸庞。
除此之外,平时的清洁和化妆习惯也非常重要。
在掌握按摩技巧的同时,懂得一些美容要领也是至关重要的。

婴儿脸 "热身运动"

将食指和中指放在耳朵之间，然后双手向囟会上滑去。

用手指按摩囟会周围，并用力按压，以促进血液循环。

双手向两侧拉抻耳朵或者揉搓耳郭上部，以放松此处成团的肌肉。

捏住颈骨处的肌肉，对其进行按摩，然后用力捏僧帽肌，最后上、下、左、右转动头部。

改善皮肤纹路

用手触摸自己的皮肤，如果没有堆积的角质，没有粉刺和痘痘，那就算是光滑的皮肤了。您可以选择含有甘醇酸成分的护肤品，涂抹之后再进行脸部按摩，这样可以调节皮肤的pH值，还可以预防粉刺和痘痘的产生。

重复
10次

把食指和中指放在耳朵之间画圆，以放松耳朵周围的肌肉。

重复
5次

用双手的中指和无名指从额头中央向太阳穴以螺旋形进行按摩。

用中指和无名指从鼻梁上部向下以螺旋形进行
按摩。

从下巴到耳朵，从嘴角到耳朵，从鼻孔至太阳
穴，在这三个区域内用中指和无名指以螺旋形
进行按摩。

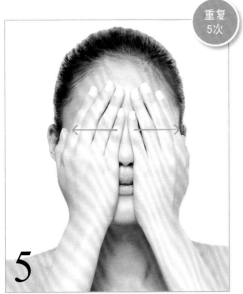

用两手盖住全脸，然后向两侧轻轻推去。

按摩结束时，双手轻拍脸部以促进护肤品的吸
收和皮肤弹性的恢复。

打造易上妆的皮肤

先用深层卸妆用品去除皮肤上的角质，然后用化妆水轻拍面部，之后涂上保湿乳液，再进行瘦脸按摩。

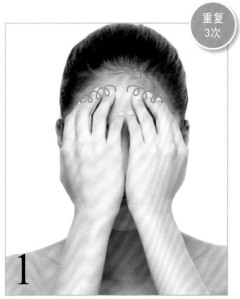

用双手的指腹部分在额头的肌肉上以螺旋形进行按摩。

用中指的指腹在眼睛周围按图中箭头方向以螺旋形进行按摩。

3

用中指在鼻翼两侧从上向下以螺旋形进行按摩。

4

用指腹以螺旋形的按摩方式从脸部及下巴中央向两边按摩肌肤。

5

用拇指和食指按捏整个脸部的肌肉。

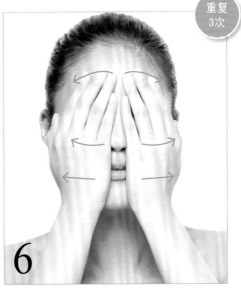

6

分别用手掌从额头轻抚到太阳穴，从鼻子轻抚到耳朵，从嘴角轻抚到耳垂处。

获得健康的血色

健康的血色指的是面色透亮，脸颊和嘴唇带着淡淡粉红色。我们可以通过刺激头部和颈部的相关穴位，促进血液循环，获得健康的血色。

重复
3次

1

两手手指放在额头的发际线处，用指腹用力画圆进行按摩。

重复
3次

2

双手拇指和食指用力捏眉毛处的肌肉。

重复
10次

3

双手手指在太阳穴周围画圆，放松该处肌肉。

重复
3次

4

微微闭上嘴巴，用拇指和食指一下一下地捏嘴唇。

重复
5次

5

双手拇指和食指用力捏颧骨和面颊处的肌肉。

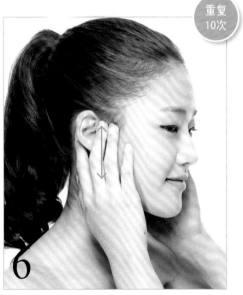

重复
10次

6

将食指和中指放置于耳朵之间，上下活动耳朵，以放松该处肌肉。

打造透亮的肌肤

如果去除角质和皮肤保湿工作都做得很好，脸部看起来就会非常干净透亮。在深层洁面之后，用化妆水轻拍脸部，然后进行瘦脸按摩，最后涂上保湿型护肤品就可以了。

重复
5次

两手手指从额头中央横向推压肌肉至太阳穴。

重复
5次

用中指和无名指的指腹部分按压太阳穴和内眼角处。

闭上眼睛，用中指和无名指从内向外轻轻地按压上眼窝。

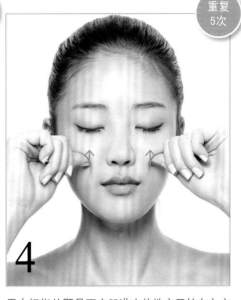

用大拇指从颧骨下方凹进去的地方开始向上方推压。

用中指用力按压人中、地仓（嘴角）、承浆（下巴中央）。

在刚才按摩过的所有部位进行画圆按摩，使其放松。

去除脸上的痣和雀斑

如果脸部出现痣、雀斑、少量色素沉淀、老年斑，首先要选用有美白效果的化妆水、乳液及乳清，取少量涂在脸上后，再进行按摩，最后再涂上足够量的美白护肤品就可以了。

重复
5次

1

用中指在下眼窝处从内眼角向太阳穴方向进行指压，之后再按摩该部位。

重复
多次

2

用食指和中指在问题部位用力来回推压，然后用力捏该部位。

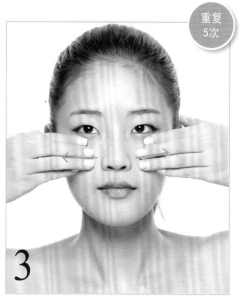

重复
5次

3

双手手指从内向外用力推压鼻侧颧骨处的肌肉。

重复
20次

4

将食指和中指放在耳朵之间，上下活动耳朵以放松周围的肌肉。

重复
5次

5

用双手拇指和食指捏住耳郭内侧，并向外抻。

重复
5次

6

双手手掌从太阳穴经过耳侧，一直向锁骨处轻轻滑下。

让皮肤富有弹性

年轻健康的皮肤是富有弹性的，不仅没有皱纹，而且看起来还很饱满。现在让我们来学习一下让皮肤恢复弹性的方法——通过刺激肌肉来恢复皮肤的弹性吧！

重复
5次

1

将两手的指腹部分放在额头上，然后用强力向发际线推去。

重复
5次

2

两手的拇指和食指捏住颧骨处肌肉，然后从鼻侧略微向太阳穴方向提拉。

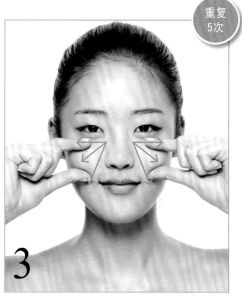

重复
5次

重复
5次

先用拇指和食指捏住眼睛底部到鼻侧处的肌肉，然后分别向太阳穴方向、下巴棱角方向和八字纹方向用力拉。

双手拇指和食指捏住连接下巴和耳朵的肌肉，并向太阳穴方向用力提拉。

重复
3次

将手掌弄凉，放在脸部，轻轻向两边推压。

131

呵护 敏感肌肤

压力太大会让毛细血管突然扩张或收缩，经常性的温差变化也会造成脸上出现红斑，下面我们就来学习一下护理敏感肌肤的方法。

❶ 按摩前可以先涂上冰凉的芦荟胶，或者涂上专门为敏感性皮肤准备的乳液和面霜。

重复
50次

1

重复
多次

2

两手的指腹以囟会为中心，以六角星放射状向周围推压。

❶ 这个动作对加强记忆力也有好处。

用双手拇指按压后发际线上方1厘米处。

重复
10次

将食指和中指放在耳朵前后，用力上中、下揉
搓，使该处肌肉放松。

重复
5次

将双手手掌展开放松，然后从脸部中央轻轻抚
向两侧。

重复
3次

双手手掌轻轻地从太阳穴经过耳侧，再一直向
锁骨滑去。

打造均匀肤色

脸部颜色不均匀（脸颊发红，下巴却黯沉），这说明脸部循环不好。如果能改善脸部的血液循环，脸色就会更加透亮，肤色也会均匀起来。在按摩之后，进行深层洁面和皮肤护理，就可以看出按摩的效果了。

重复
5次

两手手指从额头中央向两边太阳穴方向用力画螺旋形进行皮肤按摩。

重复
5次

以画圆方式按摩下眼窝骨头处的肌肉。

重复
多次

3

用两手手指用力按压下巴处的肌肉。

重复
5次

4

手指分别在颧骨处、脸颊处和下巴处以画圆方式进行按摩。

重复
多次

5

用双手拇指和食指用力按捏整个脸部的肌肉。

重复
3次

6

双手相互摩擦，产生热量之后，在脸上轻轻按摩。

调节皮脂分泌

对于皮脂分泌过多的皮肤，最好使用具有控制皮脂分泌效果的护肤品或者是清爽型的护肤品。皮脂如果分泌过多，脸上就会长出很多的痘痘，对这样的皮肤进行按摩，一定要注意不要感染，以免痘痘变得更加严重。

❶深层清洁之后，涂上具有控制皮脂分泌成分的化妆水，效果会更好。

重复10次

用双手拇指用力按压后发际线上方1厘米处。

重复3次

双手手指间隔2厘米，放在脸上皮脂多的部位，然后向内侧和外侧用力按压。

重复3次

双手手掌从太阳穴经过耳侧，一直向锁骨轻轻滑下。

❶ 按摩结束后，具有对皮肤进行深层清洁，然后涂上具有调节皮脂分泌作用的护肤品和保湿乳液。

紧缩毛孔

皮脂分泌量过多且排出不畅，皮肤本身弹性降低，都会造成毛孔粗大。这时我们需要深层清洁毛孔，然后再对皮肤进行按摩，这样才能让皮肤保持紧绷。

重复
10次

用拇指和食指用力捏起毛孔张大的部位。

重复
3次

双手手掌从太阳穴经过耳侧，一直向锁骨轻轻滑下。

❶ 配合使用控制皮脂的护肤品。

特别篇：帮助血液循环的脸部体操

下面所教的动作，如果您能在瘦脸按摩之前或有时间时经常做一做，就能促进脸部的血液循环，让您拥有健康的皮肤。

重复
5次

重复
5次

1 用手指用力按压囟会中央凹陷下去的部位，然后轻轻捋头皮。

❶ 这样可以促进血液循环，肤色也会越来越透亮。

2 用拇指和食指捏住脸部的肌肉对整个脸进行按摩。

❶ 这样不仅可以促进血液循环，还可以让脸部肌肉富有弹性。

有效的化妆方法

当需要在整个脸部涂化妆品时，要从中间向两侧耳朵方向轻轻地涂抹。在涂抹脸颊和嘴角周围时，向上提拉的动作可以预防皮肤下垂。另外，最好是按照皮肤纹路进行涂抹。涂面霜或精华素的时候，要轻轻地涂抹，这样才不会伤害到皮肤。对已经产生皱纹的部位，要按照皱纹的走向进行涂抹，像脖子这样的部位要从下往上做提拉式的涂抹。最后要注意的是，皮肤表面一定不要残留水分，要轻拍脸部直到全部吸收为止。

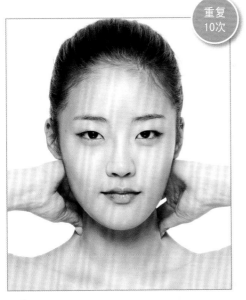

3 两手用力按压脖子，尤其是僧帽肌突出的部分。

❶ 这样可以促进血液循环，消除疲劳。

4 双手手掌从太阳穴经过耳侧，一直向锁骨轻轻滑下。

❶ 这样可以促进淋巴循环。

特别篇：淋浴时的1分钟按摩

下面让我们来学习一下在沐浴时能做的1分钟简单按摩。在身体涂上沐浴露满身泡沫时，或者是在沐浴后涂抹润体露时都可以进行。

3 两手重叠，从胸部中央一直滑至耻骨中央。相反方向重复相同动作。

❶ 帮助上体降热，疏通气血。

1 用手掌从左肩膀外侧自上而下进行按摩。相反方向重复相同动作。

❶ 这样可以消除脖子和肩膀的疲劳。

2 举起胳膊，用手揉捏腋窝，然后轻轻握拳击打该处。相反方向重复相同动作。

❶ 这样可以促进淋巴循环。

重复
多次

用力按摩小腿的下半部分直至脚踝。相反方向重复相同动作。
❶ 可以消除由体液停滞造成的下体水肿，还可以让脚踝变得纤细。

5 脚尖用力反复做伸直和勾起的动作。相反方向重复相同动作。

重复
多次

重复
多次

6 双手握住小腿部，然后用力向大腿根推压，最后用拳头击打胯部。相反方向重复相同动作。

141

特别篇：入浴3分钟按摩

将身体浸泡在热水中，这时如果能做一些伸展运动，可以帮助血液循环，让身体倍感舒适。

1 向内和向外活动脚踝。

重复 5次

重复 5次

2 先让脚指头反复做张开和收起动作，然后脚尖反复伸直和弯曲，最后让脚踝绕圈活动。

3 扬起头，手放在小腿上，弯腰直到小腹贴在大腿上，并保持这个动作10秒钟。

重复 5次

重复
5次

4 向右转，眼睛向右侧臀部方向看，保持动作10秒钟。相反方向重复相同动作。

重复
5次

5 两手交叉，举到头上，双臂向上伸直做伸展运动。然后将两只手放在肩膀上，向前后绕环。

重复
5次

6 脖子按照左右上下的方向活动，然后双手手指交叉，双臂伸直举到头上。

如何对付痘痘

健康皮肤

淋巴循环不畅，可能造成痘痘和粉刺的产生。
这让我们在照镜子的时候，感觉很苦恼。
坚持做帮助淋巴循环的脸部按摩，就可以重获健康干净的皮肤。

健康皮肤 "热身运动"

先用手指按压3次囟会凹陷的部位，然后用指腹在囟会周围的肌肉上做画圆运动。

两手拇指用力按压后发际线处。

❗ 这样可以消除肌肉紧张，促进血液循环。

双手捏住耳朵的耳郭，向外拉拽并绕圈，以活　双手从太阳穴滑落至颈部，使皮肤放松。
动紧张的肌肉。

❶ 这样可以促进淋巴循环，加快老化物的排
　出，让脸部按摩的效果倍增。

消除痘痘

尽量不要用手摸痘痘，应该寻求医生的帮助并涂上专门治疗痘痘的药物。不过，现在您可以借助按摩促进淋巴循环来消除痘痘。让我们立刻行动起来吧！

重复 10次

右手握住颈部后面，用力按脖子的左侧。相反方向重复相同动作。

重复 10次

拇指用力按压后发际线上方1厘米处。

TIPS

不同位置的痘痘产生的原因

- **额头**：受到头发刺激，激素分泌失调，压力大。
- **脸颊**：胃和肝脏功能低下，营养不均衡，饮食不规律，饮食过于咸辣，便秘。
- **下巴**：肠功能低下，月经前后，贫血，缺钙。
- **脖子**：胃功能低下，香水的使用，激素分泌不调。

- **胸部**：皮脂腺过于发达，激素分泌失调，压力大。
- **鼻子**：心脏和小肠功能低下，皮脂腺过于发达。
- **耳侧**：淋巴排毒功能减退，小肠和心脏功能低下。

重复
5次

重复
5次

将食指和中指放在耳朵前后，上下按摩耳朵周边，然后向外拉抻耳朵。

张开手掌，轻轻从太阳穴滑向锁骨。

重复
50次

重复
50次

左手握拳，右手盖在左手上面，然后围着肚脐画圆，圆要越画越大。

双手轻轻握拳，以适当压力按压腹部。

赶走脸上的小疙瘩

使用含有酸性成分的护肤品，可以去除脸上的细菌，保持皮肤的pH值平衡。要想促进整个脸部的血液循环，最好是在深层清洁前后做一些脸部按摩，会得到非常好的效果。

重复
5次

1

两手用力按压囟会，再在整个头皮上画圆。

重复
5次

2

将食指和中指放在耳朵前后，用力按摩耳朵周边，然后向外拉抻耳朵。

重复
多次

3

右手握住颈部后面，用力按脖子的左侧。相反方
向重复相同动作。

重复
10次

5

两手重叠，从锁骨下方以适当压力滑至耻
骨中央。

重复
5次

4

张开手掌，轻轻从太阳穴滑向锁骨。

去除白头粉刺

出现白头粉刺，就说明胃功能出现了问题，因此要提高肝和胃的功能，摄取含有丰富矿物质的蔬菜和芦荟会有非常大的帮助。

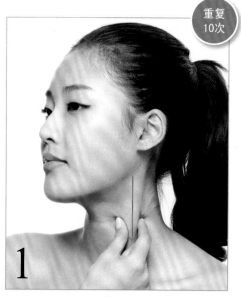

重复 10次

1

脖子上、下、左、右转3圈，然后头转向右侧，用拇指和食指用力捏起胸锁乳突肌进行按摩。相反方向重复相同动作。

重复 5次

2

将食指和中指放在耳朵之间，用力按摩耳朵周边，然后向外拉抻耳朵，最后手掌轻轻从太阳穴滑向锁骨。

5

左手握拳，右手盖在左手上面，绕着肚脐画圆，圆要越画越大。

重复
10次

重复
50次

3

手指用力按压肋骨下方。

重复
50次

重复
10次

4

左手握拳，右手盖在左手上，在肚脐上方的位置上用力画圆进行按摩。

6

两手重叠，从锁骨下方以适当压力滑至耻骨中央。

和黑头说再见

要想去除黑头，找医生来解决是再好不过的了，不过如果能保持皮肤的干爽，自己解决黑头也是可以的。可以先用消过毒的工具和棉棒去除黑头，然后用消除痘痘的专用药水来护理皮肤就可以了。

重复5次

1

用中指和无名指沿着眉毛进行按摩。

重复5次

2

将食指和中指放在耳朵前后，用力按摩耳朵周边，然后向外拉抻耳朵。

重复20次

3

两手手掌展开，放在耳侧皮肤上，用力向内推压，再向外推拉。

去除皮肤上的疮疤

用力挤按痘痘或是其他伤口，都会在皮肤上留下痕迹或出现一个小坑。因此我们需要对疮疤周围的肌肉进行刺激，让皮肤组织进行更新，从而去除掉这些疤痕。

重复 10次

在留下疤痕的部位，用拇指和食指纵向按摩周围的肌肉。

重复 多次

用拇指和食指用力扭捏疤痕周围的肌肉。

重复 5次

在留下疤痕的部位，用手掌轻轻抚摸。

特别篇：去除胸部和背部的痘痘

胸部和背部长出小痘痘，是因为皮脂分泌和激素分泌出现了问题，所以我们要经常做颈部和背部的拉伸运动，这样就可以保持中枢神经系统正常运行和促进血液循环，进而消除痘痘了。

1 双手拇指用力按压后发际线。

2 双手交叉放在脑后，轻轻下压以放松背部肌肉。

3 上、下、左、右转动颈部。

❶ 使用含有盐分的去角质霜，在渗透压原理作用下，皮肤及毛孔中的老化物和皮脂会被清洁得干干净净。

156

5 手掌从胸部开始轻轻向腋窝方向进行击打，然后手握拳轻轻击打腋窝。

重复3次

重复3次

重复5次

4 双手手指交叉，举到头上做拉伸运动，然后上体向左、右扭动。

6 两手重叠，从胸部中央滑至耻骨中央。

特别篇：让头发恢复光泽

压力过大，头皮会变得越来越硬，头发看起来也会比较枯黄且容易掉发，同时脸部会慢慢失去弹性，整个脸部的循环状态也开始走下坡路。这些都是痘痘生长的原因。

❶ 用梳子梳头发的时候，不要用力梳，力度要以头皮感到舒服为准。

重复10次

1 两手手指用力按压囟会凹陷的部分。

重复多次

2 用指腹从内向外，以六角星形状用力按摩囟会周围的头皮。

重复多次

3 用手指的指腹部分画圆按摩整个头皮。

重复100次

4 用木齿梳子梳整个头部。

特别篇：出门见朋友，1分钟按摩

如果第二天要去约会或是见朋友，一定要从皮肤开始检查自己。前一天晚上要进行可以促进血液循环的按摩。当您一觉醒来，您会发现皮肤焕然一新喔！

重复3次

1 上、下、左、右转动脖子。

重复5次

2 手指放在头顶上，梳理头皮。

重复5次

3 用指腹以适当的力量，从脸部中央向两边推压。

重复5次

4 用两手手指在太阳穴处轻轻按摩。

159

让皮肤弹性加倍

所含辅酶Q10浓度高出其他产品十倍
让你拥有充满弹性和活力的水润肌肤吧！

日本药用高浓度护肤品 来源：DHC in Japan

DHC Q10系列

■加入辅酶Q10、玻尿酸、胶原蛋白成分的高浓度全方位护理

■无香料、无色素、无防腐剂、天然成分